# 100 ÉNIGMES LOGIQUES ET MATHÉMATIQUES DU TEMPS DU CERTIFICAT D'ÉTUDES

Problèmes de cours d'école, intrigues de salle de classe et aventures au réfectoire à résoudre par le calcul et le raisonnement.

Sandra Lebrun et Loïc Audrain

LAROUSSE

21, rue du Montparnasse 75283 Paris Cedex 06

**Direction de la publication**
Carine Girac-Marinier

**Direction éditoriale**
Claude Nimmo

**Direction éditoriale adjointe**
Stéphanie Auvergnat

**Édition**
Antoine Caron

**Direction artistique**
Uli Meindl

**Mise en pages**
Typo-Virgule

**Informatique éditoriale**
Dalila Abdelkader, Philippe Cazabet

**Fabrication**
Geneviève Wittmann

**Illustrations**
Dessins et documents : archives Larousse sauf p. 5 haut : © valeo5/Fotolia.com ; p. 5 bas : © lynea/Fotolia.com ; p. 20 haut : © Style-o-Mat/Fotolia.com ; p. 43 haut : © Erica Guilane-Nachez/Fotolia.com



ISBN 978-2-03-592521-3

# Avant-propos

Le certificat d'études primaires a donné des sueurs froides à des générations d'enfants de 1866 à 1989. Le diplôme attestait les connaissances acquises par l'élève de 11 à 13 ans au terme de l'enseignement primaire obligatoire. Si la dictée et les mathématiques étaient bien entendu essentielles pour le concours, la compréhension des énoncés, la mise en situation, voire l'abstraction, s'avéraient indispensables pour réussir car, comme l'affirmait Montaigne, « mieux vaut une tête bien faite qu'une tête bien pleine »...

Avant de vous lancer dans les « problèmes de robinets qui fuient et de trains qui se croisent » et autres pirouettes arithmétiques, entraînez-vous grâce à ces exercices de logique pure et de calculs simples, qui nécessitent avant tout un esprit d'observation, d'analyse et de déduction.

Ici, seules votre matière grise et vos tables de multiplication vous viendront en aide pour résoudre ces énigmes de cours d'école, de fêtes de village, d'exploitations agricoles, de familles nombreuses et autres situations au charme suranné.

L'Éditeur

(5 POINTS) 1. LE CAHIER DE BROUILLON

Clémentine a un nouveau cahier de brouillon dont les pages sont agrafées en leur milieu. Elle les a minutieusement numérotées de la première à la dernière page. Le 1er octobre, elle écrit sur la page 9. Quatre mois plus tard, elle écrit sur cette même feuille, en page 36.

**Combien lui reste-t-il de pages sur son cahier de brouillon ?**

.............................................................

.............................................................

.............................................................

.............................................................

(5 POINTS) 2. DE LA FLANELLE AU MÈTRE

Un tailleur a acheté 90 mètres de flanelle pour 559 f. Avant de la travailler, il décide de la faire laver. Lors de cette opération, la flanelle rétrécit et perd $\frac{2}{45}$ de sa longueur.

**À combien lui revient le mètre de flanelle lavée ?**

.............................................................

.............................................................

.............................................................

.............................................................

.............................................................

(5 POINTS) **3.** **LES CRAYONS DE COULEURS**

L'instituteur répartit ses 120 crayons de couleurs en cinq pots. Dans le premier pot, il met deux fois moins de crayons que dans le cinquième, mais deux fois plus que dans le quatrième. Dans le deuxième pot il en met autant que dans le premier et le troisième réunis. Dans le cinquième pot, il met autant de crayons que dans le troisième et le quatrième réunis. Chaque pot contient ainsi un nombre différent de crayons.

**Combien y a-t-il de crayons dans chaque pot ?**

(5 POINTS) **4.** **LE CHAMBOULE-TOUT**

Lors de la fête de l'école, Éliette joue au chamboule-tout. Chaque boîte porte une valeur qui est la somme des deux boîtes situées en dessous.

**Quelle sera la valeur de la boîte au sommet de ce chamboule-tout ?**

(5 POINTS) **1. AU PENSIONNAT**

Pour rentrer en classe, la directrice du pensionnat exige que les jeunes filles soient en file indienne par ordre croissant de grandeur. Alphonsine est plus grande que Marie, mais plus petite que Camille. Madeleine est plus grande que Suzanne et que Camille. Marie est plus grande que Suzanne, mais plus petite que Madeleine.

**Dans quel ordre vont se ranger ces jeunes filles ?**

........................................................................................................................................

........................................................................................................................................

........................................................................................................................................

(5 POINTS) **2. L'ÂNE DU MEUNIER**

Afin de transporter les grains et la farine, un meunier a acheté deux bêtes de trait : une mule pour 945 f et un âne qu'il a payé les $\frac{4}{9}$ du prix de la mule.

**Combien a-t-il dépensé en tout ?**

..............................................................................

........................................................................................................................................

........................................................................................................................................

........................................................................................................................................

(5 POINTS) **3. LE VITRAIL**

Un vitrail de l'église a été cassé. Le bedeau rattrape trois chenapans qu'il connaît bien, notamment pour leur réputation qui est de toujours mentir. Louis accuse Albert qui avoue tout alors que Jean accuse Louis.

**Qui a cassé le vitrail ?**

(5 POINTS) **4. L'HOMME DE FOIE**

Sur l'étal du boucher sont disposés les plus beaux morceaux, mais aussi les abats. Sur chaque étiquette en ardoise, le commis note à la craie le prix de chaque article. Le foie de veau est à 2,43 f le kilogramme.

**Combien paiera-t-on pour 4 kg $\frac{1}{3}$ ?**

(5 POINTS) **1.** **LE TOMBEREAU**

L'agriculteur veut s'offrir un nouveau tombereau ainsi que le cheval qui le tractera. Le premier lui en coûtera 800 f de moins que le second et il dépensera en tout 2 600 f.

☞ **Combien coûte le cheval ?**

..............................................................................................................

..............................................................................................................

..............................................................................................................

(5 POINTS) **2.** **LES ÉCONOMIES DU COMMIS**

Sur la place du bourg, en face de l'église, se trouve une droguerie. Grâce à son emplacement exceptionnel, la boutique ne désemplit pas... et le patron se montre très généreux avec ses salariés. Le chef de rayon gagne ainsi 27 f par semaine et économise $\frac{1}{4}$ de son salaire.

☞ **Combien dépense-t-il par an (on considérera 52 semaines de travail sur une année) ?**

..............................................................

..............................................................

..............................................................

..............................................................

..............................................................

..............................................................

..............................................................

(5 POINTS)

## 3. JOUR DE FOIRE

La foire aux bestiaux a lieu ni la veille du lundi ou du jeudi, ni la veille ni le lendemain de mercredi, ni la veille ni le lendemain du week-end.

**Quel jour aura lieu la foire ?**

..........................................

..........................................

..........................................

..........................................

..........................................

(5 POINTS)

## 4. LES DOMINOS

Lors de la fête de l'école, Henry joue aux dominos.

**Où, dans le jeu, doit-il replacer ces dominos, sachant que le total des points de chaque ligne et de chaque colonne doit être égal à 14 ?**

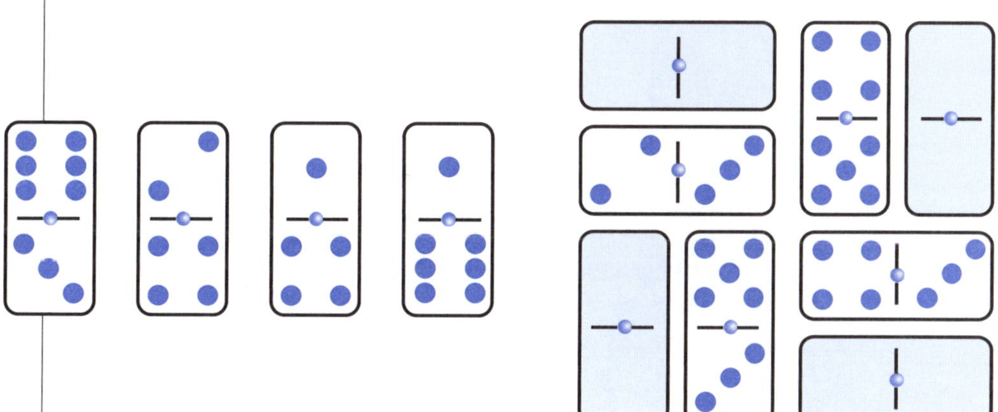

(5 POINTS)

## 1. LE PALINDROME DU CHEMINOT

Le cheminot remarque que le compteur de la locomotive indique en kilomètres un palindrome : 79 097. Il est amusé de découvrir ce nombre qui se lit dans les deux sens car une heure plus tôt, son compteur affichait déjà un palindrome numérique.

**☞ Quelle est la vitesse moyenne de la locomotive ?**

..............................

..............................

..............................

..............................

..............................

(5 POINTS)

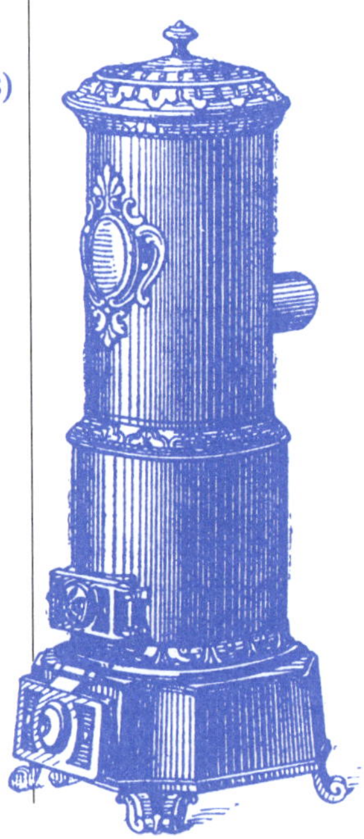

## 2. UN STOCK DE COKE

Les températures furent particulièrement froides cet hiver. Il s'agissait d'une année non bissextile. Pour se chauffer, un ménage a brûlé 1 400 kg de coke du 1er novembre inclus au 20 mars non inclus. 1 hectolitre de coke pèse 44 kg et coûte 1,65 f.

**☞ Quelle a été la dépense journalière pour ce combustible ?**

..............................

..............................

..............................

..............................

..............................

(5 points) **3. LE PAIN QUOTIDIEN**

Chacun des sept enfants de la famille a pour tache d'aller chercher le pain à la boulangerie un jour de la semaine. À chacun son jour. Marie-Louise y va le lendemain d'un jour qui a le même nombre de lettres que le sien et qui n'a pas un nombre de lettres pair.

☞ **Quel est le jour de Marie-Louise ?**

..............................................................................................................

..............................................................................................................

..............................................................................................................

(5 points) **4. LA MINUTE D'ÉCRITURE**

La mairie vient de recruter un nouveau collaborateur : un employé aux écritures particulièrement rapide qui ne met que 14 minutes pour copier une page.

☞ **Combien pourra-t-il copier de pages en 4 h 40 min ?**

..............................................................................................................

..............................................................................................................

..............................................................................................................

(5 POINTS) **1.** **LE SAC DE BILLES**

Les garçons de la cour jouent aux billes. Ils les mélangent toutes dans un même sac. Il y en a 5 à Paul, 6 à Théodore, 7 à Clément et 8 à Pierre.

☞ **Combien de billes faut-il prendre du sac au maximum pour en sortir au moins 2 appartenant au même enfant ?**

(5 POINTS) **2.** **LA ROUE TOURNE**

Le rémouleur parcourt les rues du faubourg pour affûter couteaux, ciseaux et autres instruments tranchants. La meule fixée sur son chariot en bois fait 25 tours et demi en 4 secondes.

☞ **Combien fera-t-elle de tours en 1 heure $\frac{1}{4}$ ?**

(5 POINTS)

## 3. UNE LECTURE PIEUSE

L'enfant de chœur essaie de ranger équitablement les bibles de l'église sur deux étagères, mais il lui en reste toujours une. Il essaye de les répartir sur trois étagères, mais il lui en reste encore une. Il les range alors sur cinq étagères puis essaye sur sept, mais il en arrive toujours au même point.

**Combien y a-t-il de bibles dans cette église ?**

.................................................................................

.................................................................................

.................................................................................

.................................................................................

(5 POINTS)

## 4. LE LOTO

Lors de la fête de l'école, Ginette joue au loto.

**Où doit-elle placer ces pions, sachant que le total de chaque ligne et de chaque colonne doit être identique ?**

| | | | |
|---|---|---|---|
| | 18 | 13 | 20 |
| 14 | 19 | 8 | |
| 16 | | 22 | 11 |
| 21 | 12 | | 10 |

9

7

17

15

(5 POINTS) **1. LE POULAILLER**

La fermière a disposé les nids de ses poules en cercle. Ils sont tous numérotés dans un ordre croissant et dans le sens des aiguilles d'une montre. La poule Bernadette pond dans le nid numéro 3 qui est diamétralement opposé au nid de Claudette qui porte le numéro 10.

**Combien y a-t-il de nids ?**

(5 POINTS) **2. À LA CLAIRE FONTAINE**

Pour nettoyer le linge, la lavandière se rend au lavoir. La fontaine en bronze alimentée par une source souterraine donne 15 L d'eau par minute.

**Dans combien de temps le bassin de 1,65 m$^3$ sera-t-il plein ?**

(5 POINTS)

## 3. DES TABLES RUTILANTES

Pour la fin d'année, tous les élèves ont nettoyé les tables de l'école. Michel en a nettoyé moins que Roger qui en a nettoyé plus que François. Albert en a nettoyé moins que Roger mais plus que François. Alain en a nettoyé plus qu'Albert, mais moins que Michel.

**Qui a nettoyé le plus de tables ? Qui en a nettoyé le moins ?**

(5 POINTS)

## 4. L'OMNIBUS POUR PAU

L'omnibus qui relie Paris à Pau dessert les gares d'Orléans, Blois, Tours, Poitiers, Angoulême, Bordeaux et Mont-de-Marsan. Le trajet total prend $11 \text{ h } \frac{1}{3}$.

**En partant de Paris le dimanche à 22 h 45 min, quand arrivera-t-on à Pau ?**

(5 POINTS) **1. LES PIGEONS DU COUVENT**

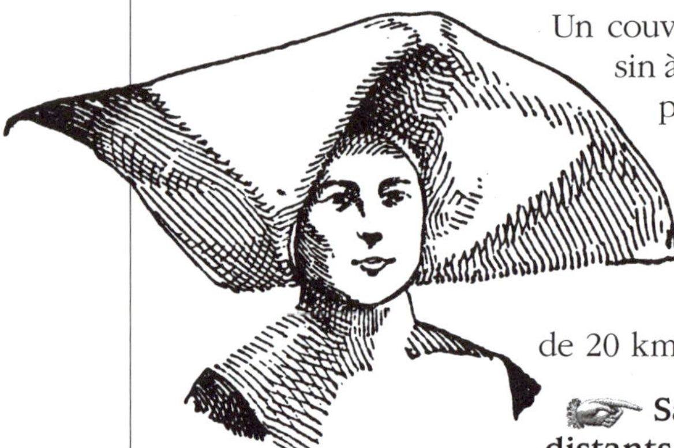

Un couvent communique avec le couvent voisin à l'aide de pigeons. Une sœur envoie un premier pigeon qui vole à la vitesse de 10 km/h jusqu'à la moitié du chemin puis finit son trajet jusqu'au couvent à la vitesse de 30 km/h. Une autre sœur envoie au même moment un second pigeon qui vole à la vitesse de 20 km/h.

☞ **Sachant que les deux couvents sont distants de 100 km, lequel des deux pigeons arrivera le premier ?**

..................................................................................................................

..................................................................................................................

..................................................................................................................

(5 POINTS) **2. LES BECS DE GAZ**

Pour éclairer les rues de la ville, le maire a installé des lanternes fonctionnant au gaz. Les trois cantonniers mettent $\frac{1}{4}$ d'heure pour allumer 12 becs de gaz.

☞ **Combien de becs de gaz pourront être allumés dans le même temps par 5 ouvriers ?**

..................................................................................................

..................................................................................................

..................................................................................................

..................................................................................................

..................................................................................................

(5 POINTS)

## 3. RANGER LES CRAIES

L'instituteur veut répartir ses craies dans des pots. Il a neuf craies blanches, des craies roses et des craies bleues. Il place à chaque fois au moins une craie rose et une craie bleue avec trois craies blanches et chaque craie blanche est toujours avec deux craies roses et une craie bleue.

**Combien y a-t-il de pots et de craies de chaque couleur ?**

(5 POINTS)

## 4. LES BOTTES DE PAILLE

Jean a entassé des bottes de paille cubiques dans sa grange.

**Combien de bottes de paille a-t-il déjà utilisées ?**

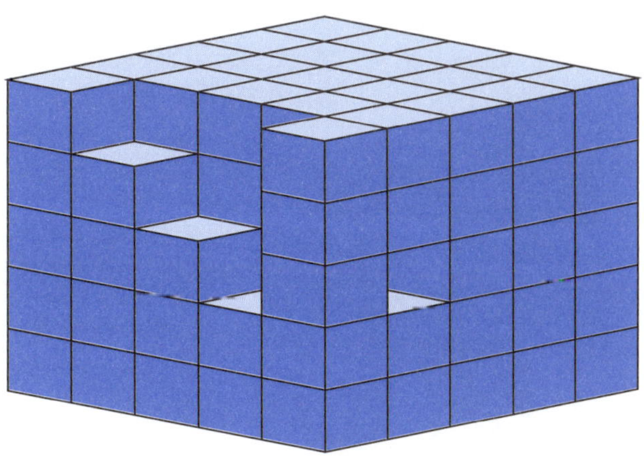

(5 POINTS) **1.** **AU BAL DES DÉBUTANTS**

Au bal, 20 jeunes hommes ont dansé chacun avec 8 jeunes filles différentes. Chaque jeune fille a dansé avec 5 jeunes hommes différents.

**Combien y avait-il de jeunes filles à ce bal ?**

(5 POINTS) **2.** **ERREUR SUR LES TOPINAMBOURS**

Une ménagère a commandé et payé 48 kg de topinambours pour 100 f. Au moment de la livraison, elle s'aperçoit qu'il n'y a que 30 kg de légumes.

**Combien doit-elle payer finalement ?**

(5 POINTS) **3.** **LA BONNE DU CURÉ**

La bonne du curé ne vit pas seule ! Elle a pour lui tenir compagnie des canaris et des chats, ce qui fait 60 yeux et 88 pattes.

**Avec combien d'animaux de chaque espèce vit la bonne du curé ?**

(5 POINTS) **4.** **DE HAUTE VOLIGE**

Un couvreur se rend à la scierie pour acheter des voliges en peuplier de 3 cm d'épaisseur. Il réserve une pile de planches de 1,47 m de haut.

**Sachant que chaque volige est vendue 1,35 f, quelle est la valeur du lot ?**

(5 POINTS) **1.** **À LA KERMESSE**

À la kermesse de l'école, le pion tient le stand de fléchettes. Il donne 6 fléchettes à Philippe. À chaque fois que le jeune garçon atteint le cœur de la cible, le pion lui en donne deux de plus. À la fin de la partie, Philippe a lancé 20 fléchettes.

☞ **Combien de fois a-t-il touché le centre ?**

(5 POINTS) **2.** **À CRÉDIT**

À ces moments perdus, le receveur du crédit municipal compte les pièces de monnaie. Il a remarqué qu'un rouleau de pièces de 20 f valant 1 000 f a une longueur de 64 mm.

☞ **Combien faut-il empiler de pièces pour atteindre une hauteur d'un mètre ?**

(5 POINTS)

## 3. UN POTAGER BIEN GARNI

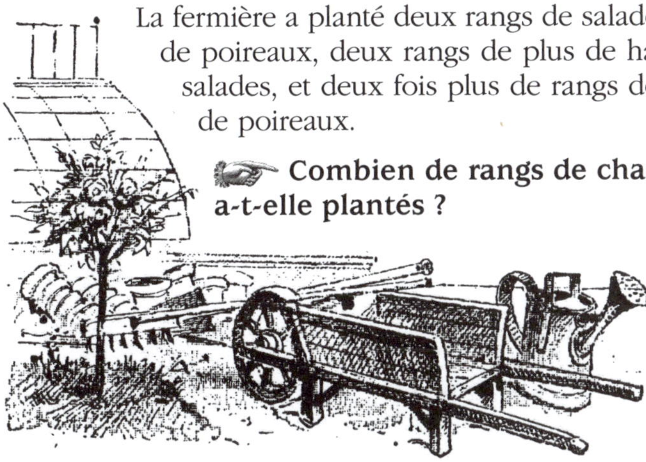

La fermière a planté deux rangs de salades de plus que de rangs de poireaux, deux rangs de plus de haricots que de rangs de salades, et deux fois plus de rangs de haricots que de rangs de poireaux.

**Combien de rangs de chaque légume a-t-elle plantés ?**

(5 POINTS)

## 4. CASSE-TÊTE EN CLASSE

Avant l'arrivée des élèves, l'instituteur doit disposer 5 tables dans sa classe selon un plan : 2 tables occupant une case, 1 de deux cases, 1 de trois cases, 1 de quatre cases. Pour circuler dans la classe, il doit laisser une case libre entre chaque table, même en diagonale.

**Où peut-il placer les tables sachant que les chiffres indiquent combien de cases de la ligne ou de la colonne sont occupées par une partie de table ?**

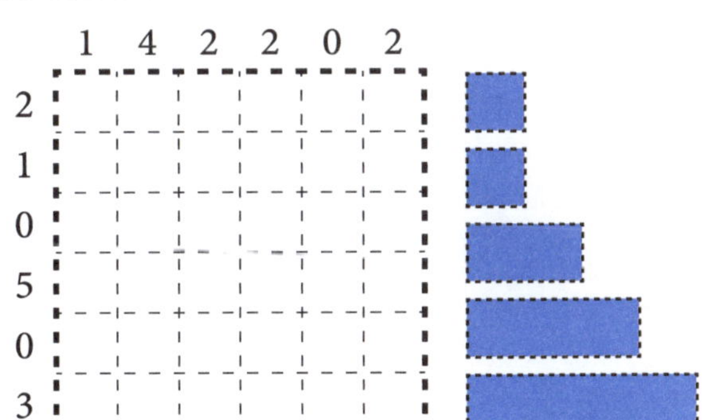

(5 POINTS) **1. UN CHASSEUR ET SON CHIEN**

Le chasseur et son chien ont à eux deux 56 ans. Le maître a 40 ans de plus que l'âge de son chien.

☞ **Quel âge ont-ils respectivement ?**

..................................................................

..................................................................

..................................................................

..................................................................

(5 POINTS) **2. LES PAVÉS DE LA PLACE**

Pour refaire la place du bourg, le carreleur utilise des pavés extraits d'une carrière de calcaire. Tous les pavés, taillés à la main, sont strictement identiques : chaque face a une superficie de 150 cm$^2$.

☞ **Combien faut-il de pavés pour couvrir cette place de 61 m$^2$ ?**

..................................................................

..................................................................

..................................................................

..................................................................

(5 POINTS) **3. À LA CANTINE**

La cantinière a reçu une livraison de légumes composée d'autant de cageots de blettes que de cageots de céleris. Lors de repas du midi, elle réussit à écouler 5 cageots de blettes. Dans l'après-midi, la bonne du curé lui apporte 8 cageots de céleris. La cantinière se retrouve alors avec deux fois plus de céleris que de blettes.

**Combien de cageots de chaque légume a-t-elle reçus à la livraison ?**

........................................................................................................

........................................................................................................

........................................................................................................

........................................................................................................

(5 POINTS) **4. LE PRIX DE L'ARE**

Après une bonne récolte, un fermier a réussi à économiser une coquette somme. Il décide d'acheter un champ de 2,28 ha pour le prix de 9 650 f.

**Combien doit-il revendre l'are pour gagner 1 978 f ?**

........................................................................................................

........................................................................................................

........................................................................................................

(5 POINTS) **1.** **LA PÊCHE EN FAMILLE**

Le grand-père, le père et le fils vont à la pêche. Le grand-père a pêché moins de poissons que son petit-fils. Si le père donne un poisson au petit-fils, celui-ci en aura le double de son grand-père. Et si le petit-fils en donne deux à son père, les trois pêcheurs en auront chacun le même nombre.

☞ **Combien de poissons ont-ils chacun pêchés ?**

(5 POINTS) **2.** **TOMBEREAU À CLAIRE-VOIE**

Le charron construit un nouveau tombereau avec des ridelles à claire-voie. La distance entre le premier montant et le neuvième est de 4,8 m.

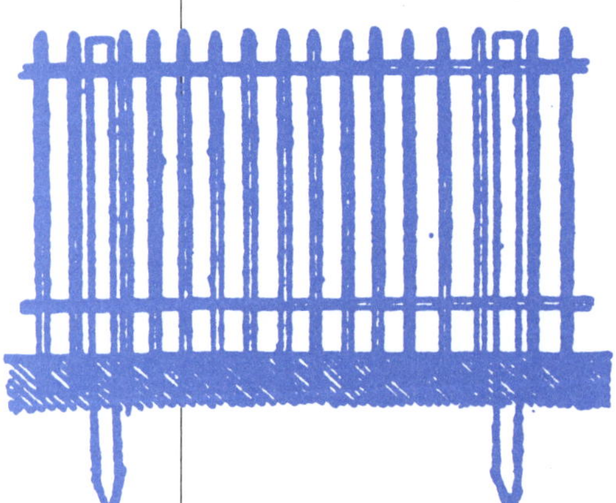

☞ **Quelle est la distance entre deux montants consécutifs ?**

(5 POINTS) **3. PRIEZ POUR NOUS…**

Dans sa réserve, le curé a quatre cierges de plus que de bougies veilleuses, deux fois plus de bougies de prière que de bougies veilleuses et quatre bougies de prière de plus que de cierges.

**Combien de bougies de chaque sorte le curé a-t-il dans sa réserve ?**

…………………………………………………………………………………………

…………………………………………………………………………………………

…………………………………………………………………………………………

…………………………………………………………………………………………

…………………………………………………………………………………………

(5 POINTS) **4. LES BOTTES DE PAILLE**

Jean a entassé des bottes de paille cubiques dans sa grange.

**Combien de bottes de paille a-t-il déjà utilisées ?**

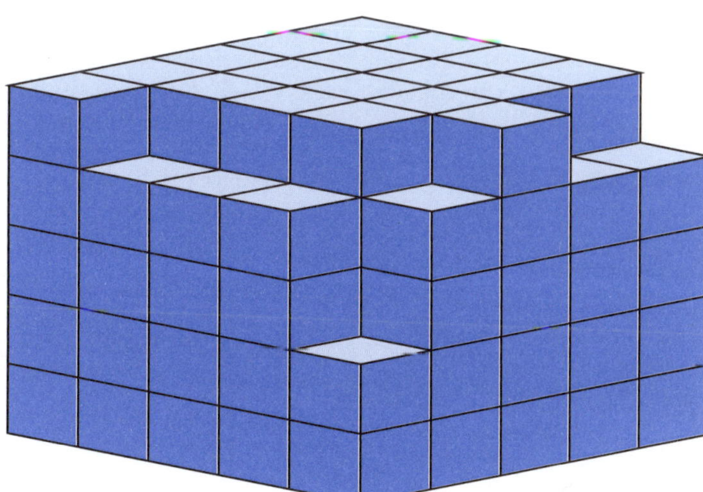

(5 POINTS)

## 1. SUR LES ÉTALS DU MARCHÉ

Sur le marché, trois vendeurs installent leurs étals. Deux d'entre eux disposent des légumes, deux proposent de l'épicerie et deux présentent des fruits. Celui qui ne propose pas de fruits ne dispose pas d'épicerie et celui qui ne vend pas d'épicerie ne propose pas de légumes.

**Qu'est-ce que propose chacun de ces marchands ?**

(5 POINTS)

## 2. LA DENTELLE AU MÈTRE

La dentelière souhaite orner de broderie un linge rectangulaire qui mesure 39,50 cm de large sur 46,70 cm de long. La broderie coûte 0,35 f le mètre linéaire.

**Quelle sera la dépense pour la broderie ?**

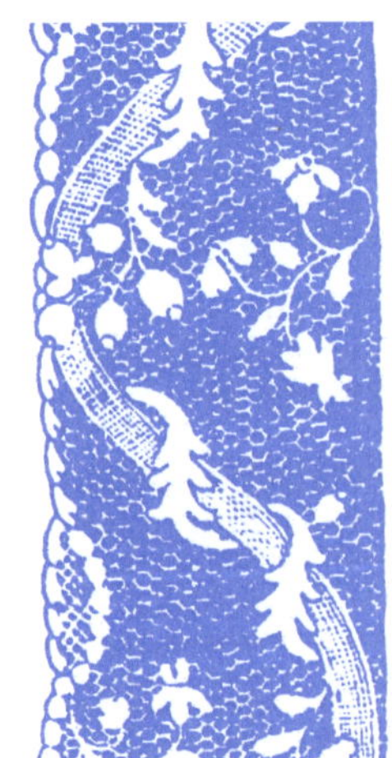

(5 POINTS) **3.** **LE TONNEAU DES VENDANGES**

Le vigneron veut remplir son tonneau pour vérifier s'il fait bien 40 litres. Il dispose d'un récipient de 50 litres et d'une bonbonne de 30 litres.

**Comment peut-il verser 40 litres dans son tonneau ?**

.......................................................................................................

.......................................................................................................

.......................................................................................................

(5 POINTS) **4.** **LE COLPORTEUR**

Un colporteur se rend de village en village pour écouler sa marchandise. Il a remarqué qu'en 5 minutes il parcourt 400 mètres. Il a marché de 8 h $\frac{3}{4}$ à 10 h 25.

**Quelle distance a-t-il parcourue ?**

...................................................................

...................................................................

...................................................................

...................................................................

...................................................................

...................................................................

...................................................................

(5 POINTS)

## 1. L'ÂGE DES VACHES

À une époque, la vache Marguerite était deux fois plus âgée que Pâquerette. L'année suivante, Marguerite était une fois et demie plus âgée que Pâquerette. Aujourd'hui, Pâquerette a neuf ans.

**Quel est l'âge de Marguerite ?**

..........................................................................................................................................

..........................................................................................................................................

..........................................................................................................................................

(5 POINTS)

## 2. SUR LA ROUE

Un ferronnier doit fabriquer un cerclage de métal qui entoure une roue de brouette mesurant 20 cm de rayon. Le métal coûte 1,30 f le mètre.

**Quelle sera le prix du cerclage ?**

..........................................................................................................................................

..........................................................................................................................................

..........................................................................................................................................

(5 POINTS) **3. AU COIN !**

La directrice du pensionnat aimerait démasquer celle qui a découpé le bonnet d'âne en petits morceaux. Camille dit que c'est Clémence. Clémence dit que ce n'est pas elle, mais que c'est Solenne. Solenne confirme ce qu'a dit Camille.

☞ **Sachant qu'une seule des trois jeunes filles dit la vérité, qui va aller au coin ?**

.......................................................................................

.......................................................................................

.......................................................................................

.......................................................................................

(5 POINTS) **4. LES BOTTES DE PAILLE**

Jean a entassé des bottes de paille cubiques dans sa grange.

☞ **Combien de bottes de paille a-t-il déjà utilisées ?**

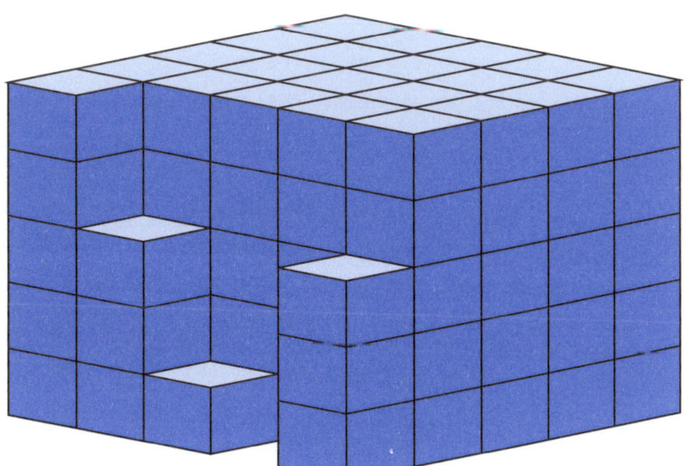

(5 POINTS)

## 1. LA GÉNÉALOGIE DE LA LAITIÈRE

La voisine qui n'a pas d'enfants connaît très bien la laitière : c'est la fille de la fille de la mère de son frère qui a deux sœurs.

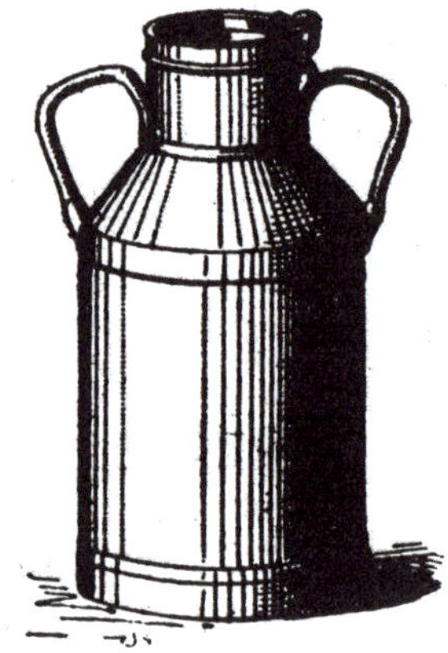

**Qui est cette personne ?**

(5 POINTS)

## 2. LE TOUR DU CHAMP

Un collecteur d'impôt veut vérifier la superficie d'un champ rectangulaire. Il fait appel à un géomètre qui effectue les relevés suivants : le champ a un périmètre de 3 km. Sa longueur est 5 fois plus grande que sa largeur.

**Quelle est la surface du champ ?**

(5 POINTS) **3. LE CARTABLE DE SÉRAPHIN**

Séraphin est un enfant un peu spécial : il procède toujours avec une logique surprenante. Pour préparer sa rentrée, l'élève prend un cartable, des ciseaux, un crayon et…

**Selon sa logique, que va-t-il ajouter : une blouse, une gomme ou une ardoise ?**

…………………………………………

…………………………………………

…………………………………………

…………………………………………

…………………………………………

(5 POINTS) **4. DANS UN MOUCHOIR DE POCHE**

Une manufacture de linges souhaite créer un nouveau modèle de mouchoir. Il s'agit d'un mouchoir blanc carré de 24 cm de côté. Deux bandes bleues perpendiculaires de 1,6 cm de large partagent ce mouchoir en 4 carrés égaux.

**Quelle est la surface de chaque carré ?**

…………………………………………

…………………………………………

…………………………………………

…………………………………………

…………………………………………

…………………………………………

(5 POINTS) **1.** **LES PLANTES MÉDICINALES**

L'apothicaire prépare son jardin de plantes médicinales. Sur la gauche, il y a l'anis et la sauge qui sont de chaque côté de l'angélique. Le romarin et l'angélique sont séparés par trois autres plantes. Le romarin et la menthe sont de chaque côté du thym. La sauge n'a pas de plante à sa gauche.

**Dans quel ordre les plantes sont-elles placées ?**

(5 POINTS) **2.** **LE MÉTAYER**

Un propriétaire foncier fait appel aux services d'un métayer. Ce dernier a remarqué que, parmi tous les champs qu'il cultive, deux parcelles ont des surfaces parfaitement égales. Le premier terrain est un carré de 48 m de côté. L'autre, un rectangle de 56 m de long.

**Quelle est la largeur du champ rectangulaire ?**

(5 POINTS) **3. LA CHASSE À COURRE**

La meute est composée de soixante chiens dont 10 % ont rapporté une proie. La moitié des autres chiens a rapporté deux fois plus de proies que leur nombre et l'autre moitié est revenue bredouille.

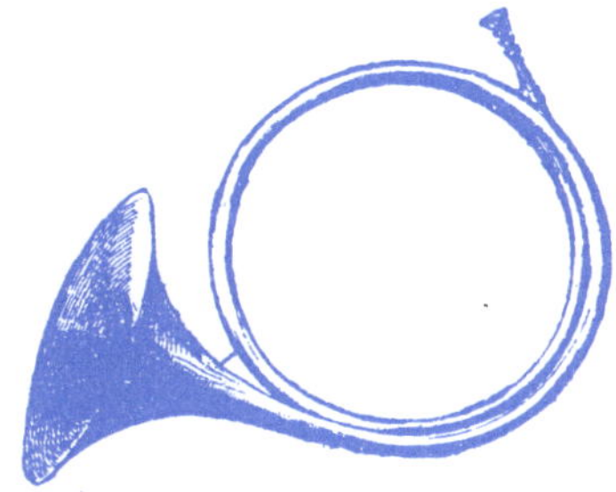

☞ **Combien de proies la meute a-t-elle rapportées ?**

.....................................................................................................

.....................................................................................................

.....................................................................................................

(5 POINTS) **4. LE CHAMBOULE-TOUT**

Lors de la fête de l'école, Éliette joue au chamboule-tout. Chaque boîte porte une valeur qui est la somme des deux boîtes situées en dessous.

☞ **Quelle sera la valeur de la boîte au sommet de ce chamboule-tout ?**

(5 POINTS) **1.** **LA TAVERNE DU MENTEUR**

Pour entrer dans cette taverne, le client a le choix entre deux portes. L'une mène à la taverne, l'autre au petit coin. Devant l'entrée il y a deux hommes, l'un ment toujours et l'autre jamais.

**Quelle question le client doit-il poser à l'un ou l'autre des deux hommes pour connaître la porte qui mène à la taverne ?**

(5 POINTS) **2.** **L'ÉQUERRE DE PYTHAGORE**

Aujourd'hui, l'instituteur souhaite enseigner le théorème de Pythagore à ses élèves. Pour ce faire, le maître d'école trace un triangle rectangle au tableau à l'aide d'une équerre de 80 cm de long et 60 cm de haut.

**Quelle est la surface de l'équerre ?**

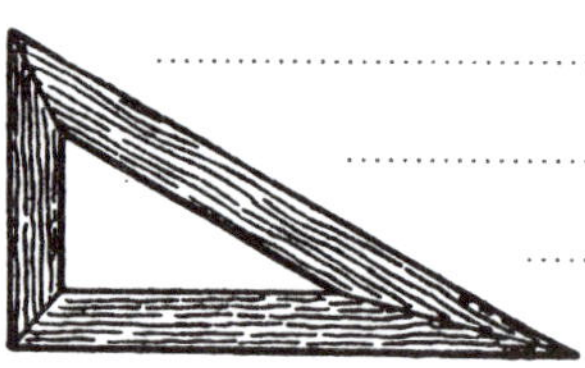

(5 POINTS) **3. LE CHEF DE GARE PONCTUEL**

Le chef de gare doit être sur le quai à 9 h. Pour ne pas oublier de se lever, il prend son réveil à aiguilles et le règle pour sonner à 8 h 10.

**Sachant qu'il est 19 h et qu'il se couchera dans une heure, combien de temps va-t-il dormir ?**

.......................................................................................................

.......................................................................................................

.......................................................................................................

.......................................................................................................

(5 POINTS) **4. LES HARICOTS ALGÉBRIQUES**

C'est jour de marché et les chalands se pressent dans la halle aux grains. Parmi eux, un négociant achète des haricots à 4,50 f le décalitre. Il les revendra dans sa boutique 0,5 f le litre.

**Combien gagne-t-il sur 30,5 hectolitres ?**

.......................................................................

.......................................................................

.......................................................................

.......................................................................

.......................................................................

.......................................................................

.......................................................................

.......................................................................

.......................................................................

.......................................................................

## 1. LA COMPTA DU CURÉ

(5 POINTS)

Le curé veut transmettre son livre de comptes à l'évêché et l'enferme dans une caisse avec un cadenas. Le souci est qu'il ne veut pas que le facteur ouvre la caisse s'il transmet également la clef. Il ajoute alors un petit message sur lequel est écrit : « Monseigneur, utilisez votre propre cadenas. »

**☞ Comment espère-t-il opérer ?**

## 2. LE GOÛTER DES ÉLÈVES

(5 POINTS)

Après la classe, l'école distribue un goûter aux enfants encore présents. L'économe qui gère les stocks a prévu, par jour, 15 décilitres de jus de pomme qui coûte 45 francs l'hectolitre. Il en a acheté pour 135 francs.

**☞ Combien de jours durera la provision ?**

(5 POINTS)

## 3. LA GRAND-ROUTE

Sur la grand-route qui mène à la ville, les maisons portent toutes un numéro de 1 à 100.

**Combien de fois le chiffre 7 est-il lisible ?**

........................................................................

........................................................................

........................................................................

........................................................................

........................................................................

........................................................................

(5 POINTS)

## 4. LES DOMINOS

Lors de la fête de l'école, Henry joue aux dominos.

**Où, dans le jeu, doit-il replacer ces dominos sachant que le total des points de chaque ligne et de chaque colonne doit être égal à 16 ?**

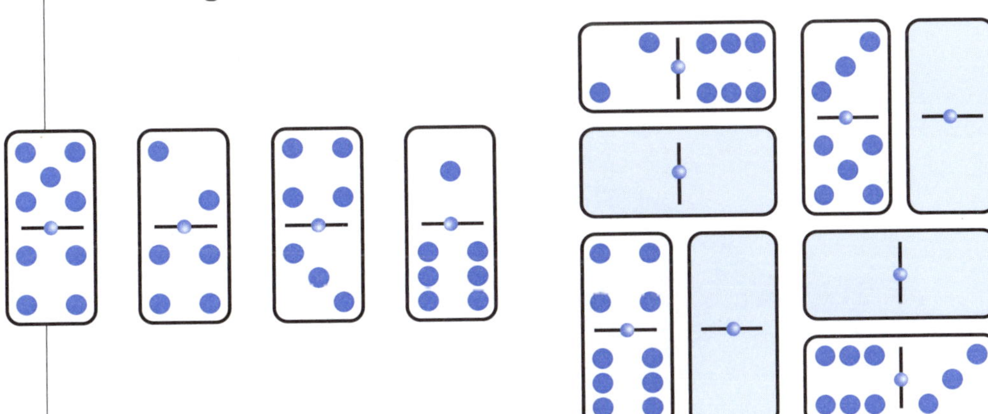

(5 POINTS) **1. LE VITRIER**

Dans le village, le vitrier a vendu deux vitres pour 153 francs.

☞ **Sachant que la grande vitre coûte 55 francs de plus que la petite, quel est le prix de chaque vitre ?**

........................................................................

........................................................................

........................................................................

........................................................................

........................................................................

........................................................................

(5 POINTS) **2. LE CHAT DE LA CRÉMIÈRE**

La crémière conditionne son lait en pot de $\frac{3}{4}$ de litre. Son chat, gourmand et maladroit, se précipite sur le récipient et le renverse. La crémière parvient à relever le pot dans lequel il ne reste que les $\frac{2}{3}$ de son volume initial.

☞ **Combien reste-t-il de décilitres dans ce pot ?**

........................................................................

........................................................................

........................................................................

........................................................................

........................................................................

........................................................................

........................................................................

........................................................................

(5 POINTS) 

## 3. LA RÉCOLTE DES PATATES

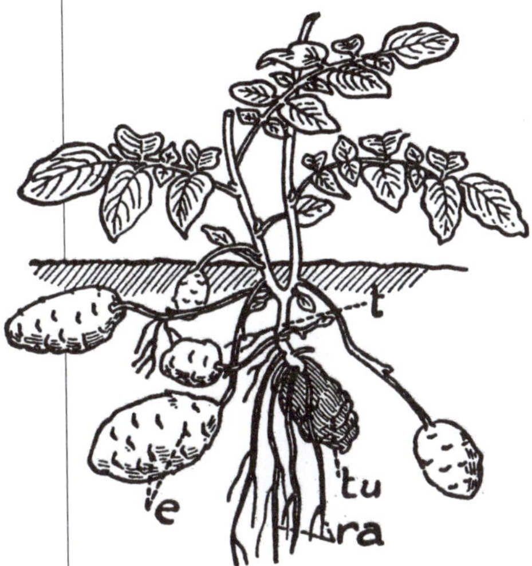


Germaine et Raymonde ont ramassé 90 pommes de terre. Germaine en a ramassé 14 de moins que Raymonde.

**Combien en ont-elles ramassé chacune ?**

(5 POINTS)

## 4. LE COÛT DE FOUDRE

Dans l'huilerie, le résultat de chaque pression est placé dans de grands tonneaux appelés « foudres ». Chaque foudre plein pèse 3 quintaux et quart. Vide, il pèse 19 kg $\frac{1}{2}$. Son contenu vaut 350 f la tonne.

**Quelle est la valeur totale de ce tonneau en francs ?**

(2 POINTS)

## 1. LES CÂBLES DES LAMPADAIRES

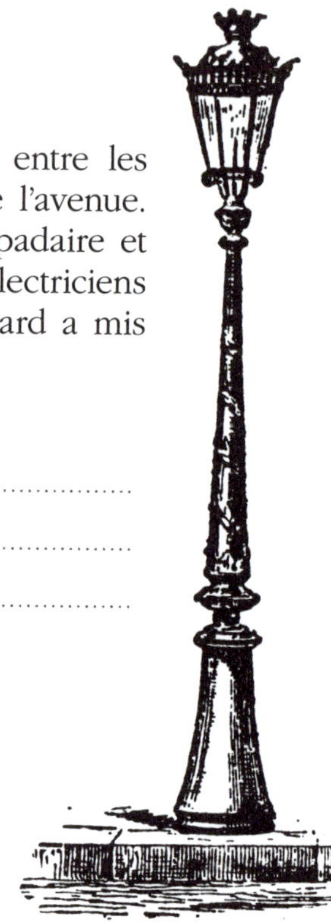

Deux électriciens sont chargés de tirer les câbles entre les vingt-six lampadaires qui longent le côté impair de l'avenue. Gérard tire les câbles du premier au treizième lampadaire et Jacques termine jusqu'au vingt-sixième. Les deux électriciens sont aussi efficaces l'un que l'autre et pourtant Gérard a mis moins de temps.

**Pourquoi ?**

..............................................................................................

..............................................................................................

..............................................................................................

(8 POINTS)

## 2. DU GRAIN À MOUDRE

Dans une brûlerie de café, le commerçant vient de recevoir une livraison d'un nouvel arabica qu'il a payé 3,40 f le kilo. Lors de la torréfaction, le café perd $\frac{1}{6}$ de son poids. Au détail, il vend le café torréfié à 1,35 f le paquet de 25 dag.

**Quel bénéfice fait-il sur la vente d'un quintal de café torréfié si la torréfaction lui coûte 4,25 f ?**

..................................................

..................................................

..................................................

..................................................

..................................................

..................................................

(5 POINTS)

## 3. LES PANIERS EN OSIER

Sur le marché, Micheline hésite entre deux magnifiques paniers en osier. Le premier coûte les trois quarts du second qui coûte 20 f de plus que le premier.

**Quel est le prix de chaque panier ?**

..............................................................................

..............................................................................

..............................................................................

..............................................................................

..............................................................................

(5 POINTS)

## 4. VOYELLES ET CONSONNES

Pendant le cours de français, l'instituteur fait toujours quelques rappels d'algèbre. Il demande à ses élèves d'écrire, à la place des pointillés, des chiffres en toutes lettres pour que les phrases suivantes soient exactes (le Y étant compté comme une voyelle).

**Cette phrase contient..................................................**

**..................................................consonnes.**

**Celle-ci contient..................................................**

**..................................................voyelles.**

**Quels chiffres doivent-ils écrire ?**

## 1. AU FEU LES POMPIERS !

(5 POINTS)

Un incendie ravage la campagne et double de taille à chaque heure. En 4 heures, l'incendie a déjà ravagé la moitié du canton.

**Dans combien d'heures aura-t-il fait disparaître l'ensemble du canton ?**

..................................................................................................................

..................................................................................................................

..................................................................................................................

## 2. LA MER DANS UNE BOUTEILLE

(5 POINTS)

La tante de Pierre habite près de la mer. Pour faire plaisir à son neveu, elle lui a apporté une bouteille remplie d'eau de mer. Pierre décide de la montrer à son instituteur pour la leçon de choses. Le maître d'école propose de peser le contenu de la bouteille : le litre d'eau de mer pèse 102,6 dag.

**Combien d'hectolitres représente 1 tonne d'eau de mer ?**

..................................................................................................................

..................................................................................................................

..................................................................................................................

..................................................................................................................

(3 POINTS)

## 3. LA QUESTION DU JOUR

L'instituteur demande à ses élèves de trouver le jour qui commence comme tous les autres finissent.

**À quel jour pense-t-il ?**

.....................................................................................................

.....................................................................................................

.....................................................................................................

(7 POINTS)

## 4. LE PLEIN, S'IL VOUS PLAÎT

Papa a offert des fleurs à maman. Pour les conserver, elle les place dans un vase. Ce vase vide pèse 260 g. Plein d'eau, mais sans les fleurs, il pèse 1,04 kg.

**Quelle est la capacité du vase ?**

.....................................................................................................

.....................................................................................................

.....................................................................................................

.....................................................................................................

.....................................................................................................

(5 POINTS)

## 1. DES ŒUFS MINUTE

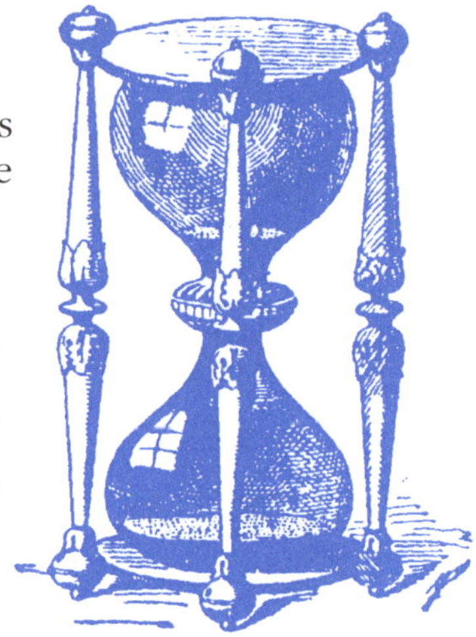

La bonne du curé veut cuire des œufs 9 minutes mais elle ne dispose que de deux sabliers, l'un de 7 minutes et l'autre de 4.

**Comment va-t-elle s'organiser ?**

(7 POINTS)

## 2. LE BASSIN DU THONIER

Un pêcheur prépare sa prochaine sortie. Dans la cale de son thonier, il dispose d'un bassin rectangulaire pour conserver ses prises. Ce réservoir a pour dimensions : 4,25 m, 5,40 m et 1,95 m. Pour le remplir, le pêcheur ouvre trois robinets qui versent par seconde $\frac{3}{4}$ de litre, $\frac{2}{5}$ de litre et $\frac{3}{4}$ de litre.

**Au bout de combien de temps le réservoir sera-t-il plein ?**

(3 points) **3. LES TROIS CALICES**

L'église dispose de trois calices identiques à ceci près que l'un des trois a une plus grande valeur, les deux autres étant des copies. La différence n'est visible que si on les pèse : le vrai est légèrement plus lourd. Pour les distinguer, le curé a une technique toute simple qui lui permet de le retrouver en une seule pesée.

☞ **Comment fait-il avec sa balance à plateaux ?**

(5 points) **4. LES BOTTES DE PAILLE**

Jean a entassé des bottes de paille cubiques dans sa grange.

☞ **Combien de bottes de paille a-t-il déjà utilisées ?**

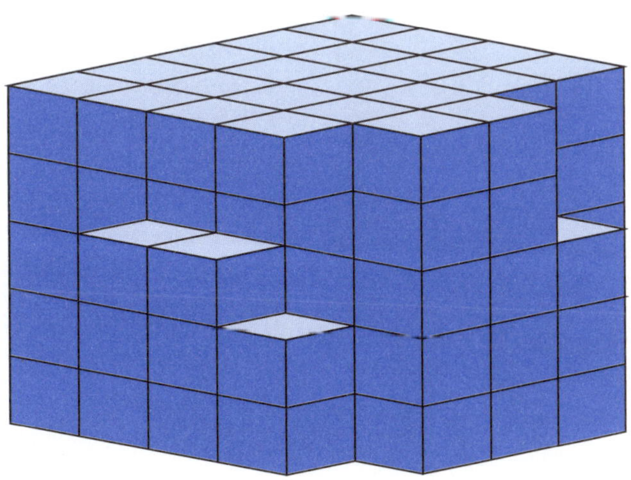

(5 POINTS)

## 1. LE CONCOURS DE PONTE

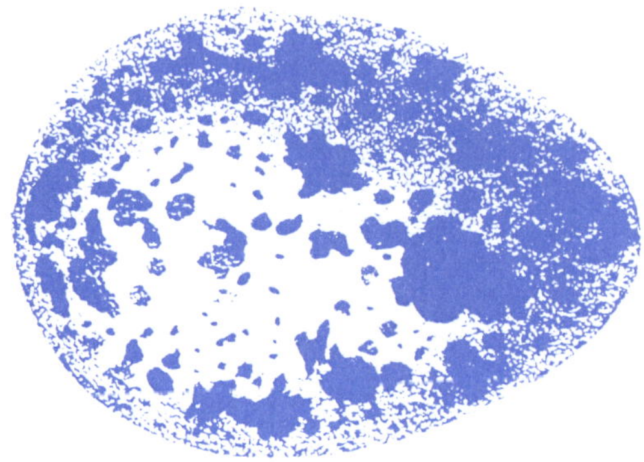

Les fermières comparent la quantité d'œufs que leurs poules respectives ont pondus. Denise en a moins que Gisèle mais plus que Francine. Monique en a plus que Denise mais moins que Danielle. Danielle en a moins que Gisèle qui en a plus que Francine.

**Qui a le plus d'œufs ?**

(5 POINTS)

## 2. LES CHEMINS DE COMPOSTELLE

Un pèlerin est en route pour Saint-Jacques-de-Compostelle. Sur sa carte à l'échelle 1/80 000, la distance entre deux villages est de 0,065 m.

**Quel temps mettra-t-il à parcourir cette distance en marchant à 4,5 km/h ?**

(5 POINTS) **3. LE CONTRÔLE SURPRISE**

L'instituteur veut faire un contrôle surprise d'une durée de seulement 13 minutes. Il ne dispose que de deux sabliers, de 7 et 5 minutes.

**Comment peut-il s'y prendre ?**

..........

..........

..........

..........

(5 POINTS) **4. LE MARCHÉ AUX BESTIAUX**

Au marché aux bestiaux, des dizaines de têtes de troupeau changent de main. Un marchand de bestiaux achète 20 vaches laitières au prix moyen de 360 f. Il revend chaque bête avec un bénéfice de 30 %.

**Combien gagne-t-il sur ce cheptel ?**

..........

..........

..........

(5 POINTS) **1. LA RÉCOLTE DES POMMES**

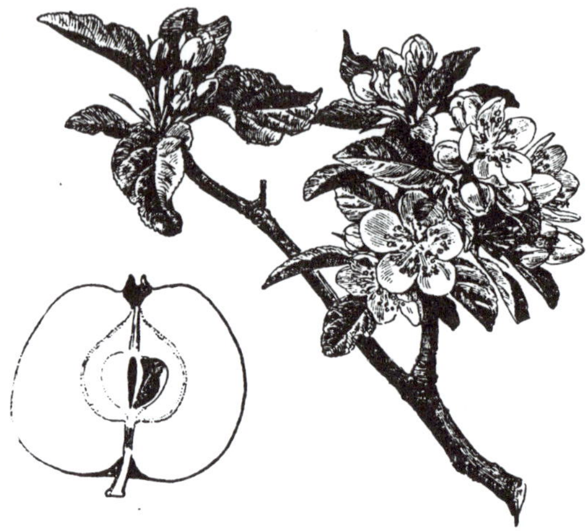

Les quinze saisonniers venus cueillir les pommes ont utilisé chacun six paniers. Et chaque panier a été utilisé par cinq saisonniers différents.

**Combien y a-t-il de paniers ?**

(5 POINTS) **2. LA CRIÉE**

Une marchande de poissons a reçu de la marée peu fraîche. Elle a été contrainte de la revendre avec 20 % de perte. Elle a ainsi récupéré 160 f.

**Quel avait été le prix d'achat du stock de poissons ?**

(5 POINTS) **3. LES BONS POINTS**

Sur son bureau, l'institutrice a placé les bons points ainsi : les images de légumes et de métiers sont au centre. Les images d'animaux sont entre les fleurs et les métiers. Les paysages sont à droite des légumes et à gauche des monuments historiques. Les monuments historiques et les fleurs sont aux extrémités.

☞ **Dans quel ordre sont placées les images ?**

.................................................................................................................................

.................................................................................................................................

.................................................................................................................................

(5 POINTS) **4. CASSE-TÊTE EN CLASSE**

Avant l'arrivée des élèves, l'instituteur doit disposer 4 tables dans sa classe : 1 de une case, 1 de deux cases, 1 de trois cases, 1 de quatre cases. Pour circuler dans la classe, il doit laisser une case libre entre chaque table, même en diagonale.

☞ **Ou peut-il placer les tables, sachant que les chiffres indiquent combien de cases de la ligne ou de la colonne sont occupées par une partie de table ?**

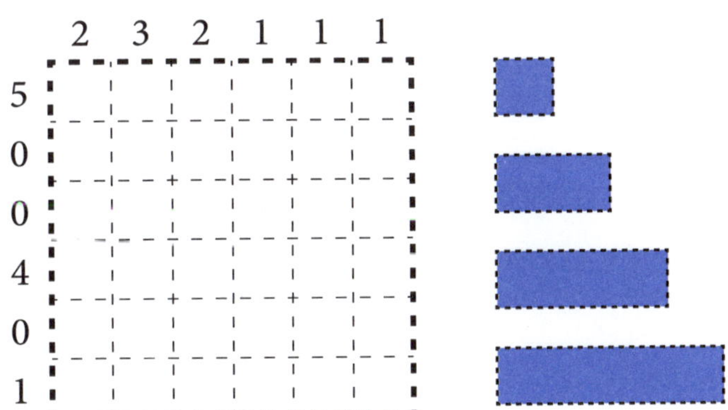

(5 POINTS) **1. LES CLOCHES À LA VOLÉE**

Les enfants de chœur adorent faire sonner les cloches à la volée. Fabien a fait tinter la cloche deux fois plus de coups que Clément. Clément a fait tinter la cloche quatre fois moins de coups que Baptiste mais trois fois plus de coups que Pierre. Baptiste a fait tinter la cloche deux fois plus de coups que Fabien.

☞ **Sachant que Pierre a fait tinter la cloche seulement deux fois, combien de fois chacun a-t-il fait tinter la cloche ?**

.................................................................................................

.................................................................................................

.................................................................................................

.................................................................................................

(5 POINTS) **2. UN CLASSIQUE DE LA LITTÉRATURE**

Un libraire achète des exemplaires d'un ouvrage classique à 2,60 f l'un. On lui donne le 13^e^ gratis. Il fait cartonner un certain nombre d'exemplaires, qu'il revend au prix de 3,60 f l'un, avec un bénéfice de 20 % sur le prix de revient.

☞ **Combien a coûté le cartonnage d'un exemplaire ?**

.................................................

.................................................

.................................................

.................................................

.................................................

.................................................

.................................................

(5 POINTS) **3. CHEZ LE BOUCHER**

Le boucher pose de la viande en vrac sur la balance, qui indique 44 kilos. Il sait qu'une pièce de veau pèse 6 kilos, qu'une pièce de porc pèse 10 kilos et qu'une pièce de bœuf pèse 16 kilos.

**Combien y a-t-il de morceaux de chaque viande sur sa balance ?**

............................................................

............................................................

............................................................

............................................................

............................................................

............................................................

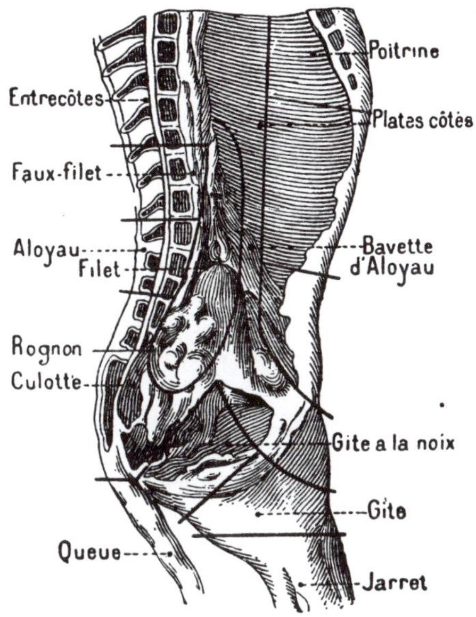


(5 POINTS) **4. LE PÂTURAGE**

À cause de la sécheresse, les pâturages ne parviennent plus à nourrir les bêtes. Deux bergers sont donc contraints de louer un nouveau pâturage pour ne pas perdre l'ensemble de leur troupeau. La location coûte 54 f. Le premier berger y a fait paître 260 moutons pendant 2 mois, et le second 180 moutons pendant 50 jours.

**Que doit payer chaque berger ?**

............................................................

............................................................

............................................................

............................................................

............................................................

............................................................

(5 POINTS) **1. LES ROSACES DE LA SALLE DES FÊTES**

Au plafond de la salle des fêtes des rosaces de couleurs différentes ont été accrochées pour préparer le bal de samedi. Il y en a deux rouges, deux vertes et deux jaunes. Il y a trois rosaces entre les deux vertes. Il y a deux rosaces entre les deux rouges. Et il y a une rosace entre les deux jaunes. La dernière est une rosace verte.

☞ **Comment les rosaces de couleurs sont-elles alternées ?**

........................................

........................................

........................................

(7 POINTS) **2. LES TONNEAUX DU VIGNERON**

Après les vendanges, le vigneron recueille le moût dans deux tonneaux qui contiennent ensemble 4,14 hl de jus de raisin. Le premier contient 3 dal de moins que le second.

☞ **Quelle est la valeur de chaque tonneau, à raison de 0,35 f le litre de jus de raisin ?**

........................

........................

........................

........................

........................

........................

........................

........................

........................

(3 POINTS) **3. LE TÉLÉPHONE DU GARAGISTE**

Un garagiste s'est enfin installé dans le village et il a même fait installer le téléphone. Son numéro est composé de deux chiffres identiques, il est plus près du 40 que du 50 et il est impair.

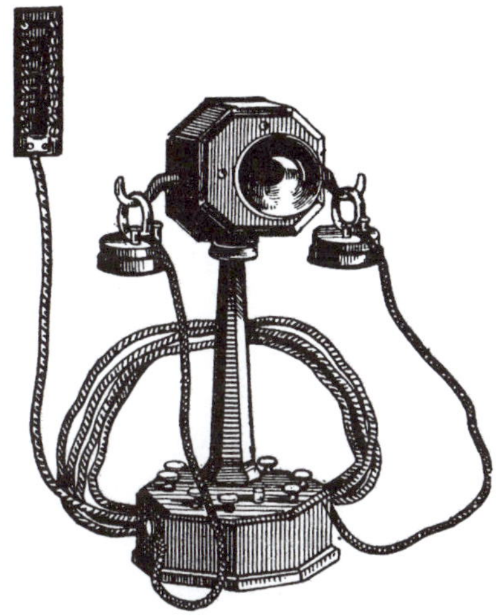

**Quel numéro faut-il demander pour le joindre ?**

..........................................................................

..........................................................................

..........................................................................

..........................................................................

(5 POINTS) **4. LES BOTTES DE PAILLE**

Jean a entassé des bottes de paille cubiques dans sa grange.

**Combien de bottes de paille a-t-il déjà utilisées ?**

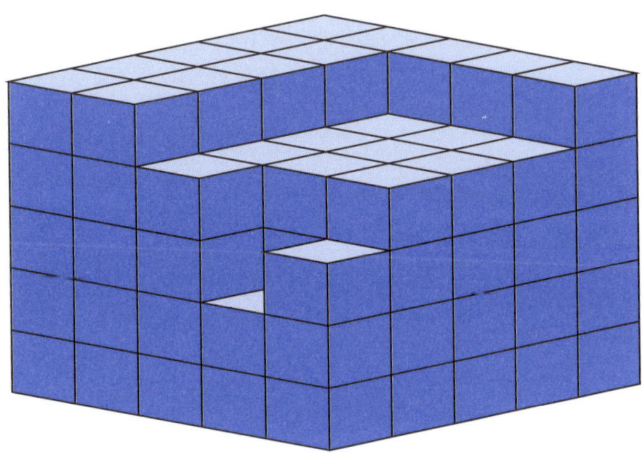

## Solutions des jeux p. 4-5

Ma note : ... / 5

**1. LE CAHIER DE BROUILLON**

Il lui reste 8 pages. Puisqu'il y a 8 pages avant la page 9 et que l'élève écrit sur cette même feuille quand elle est en page 36, il ne lui reste plus que 8 pages pour finir son cahier.

Ma note : ... / 5

**2. DE LA FLANELLE AU MÈTRE**

La flanelle perd (90 × 2)/45 = 4 m. Il reste 90 m – 4 m = 86 m. Prix du mètre de flanelle lavée : 559 f/86 = 6,50 f.

Ma note : ... / 5

**3. LES CRAYONS DE COULEURS**

Le premier pot contient 16 crayons, le deuxième 40, le troisième 24, le quatrième 8, et le cinquième pot 32.

Ma note : ... / 5

**4. LE CHAMBOULE-TOUT**

Comptez 0,5 point par nombre trouvé.

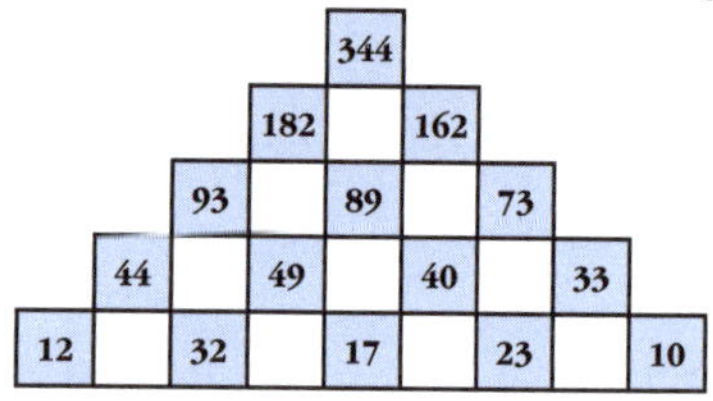


Total : ... /20

## Solutions des jeux p. 6-7

Ma note : ... / 5

**1. AU PENSIONNAT**

Suzanne qui est la plus petite sera la première, il y aura ensuite Marie, Alphonsine, Camille et enfin Madeleine qui est la plus grande.

Ma note : ... / 5

**2. L'ÂNE DU MEUNIER**

Prix de l'âne : (945 f × 4)/9 = 420 f. Dépense totale : 945 f + 420 f = 1 365 f.

Ma note : ... / 5

**3. LE VITRAIL**

C'est Jean le coupable. Ça ne peut pas être Louis ou Albert puisqu'ils mentent toujours.

Ma note : ... / 5

**4. L'HOMME DE FOIE**

4 kg 1/3 = 13/3 kg. On paiera donc 13/3 × 2,43 f = 10,53 f.

Total : ... /20

## Solutions des jeux p. 8-9

Ma note : ... / 5

**1. LE TOMBEREAU**

Le cheval coûte 1 700 f et le tombereau 900 f.

Ma note : ... / 5

**2. LES ÉCONOMIES DU COMMIS**

Salaire annuel : 52 × 27 f = 1 404 f. Dépense annuelle : (1 404 × 3)/4 = 1 053 f.

Ma note : ... / 5

**3. JOUR DE FOIRE**

Il faut procéder par élimination : pas le dimanche, ni le mercredi, ni le jeudi, ni le vendredi, ni le lundi. La foire aura donc lieu le samedi.

Ma note : ... / 5

**4. LES DOMINOS**

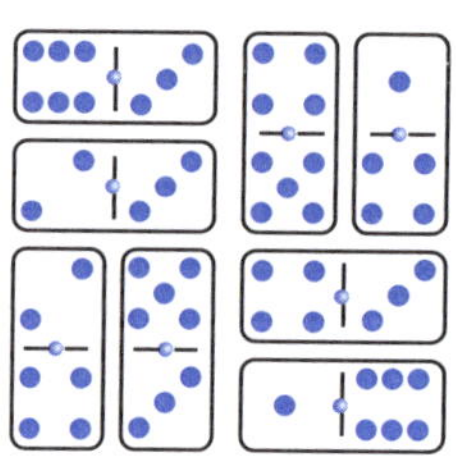

Total : ... /20

# Solutions

## Solutions des jeux p. 10-11

Ma note : … / 5

**1. LE PALINDROME DU CHEMINOT**

Le palindrome numérique précédent était 78 987. Donc en une heure, la locomotive a parcouru 79 097 – 78 987 = 100 km. Le chauffeur roule donc en moyenne à 110 km/h.

Ma note : … / 5

**2. UN STOCK DE COKE**

Nombre de jours : 30 + 31 + 31 + 28 + 19 = 139 j. Consommation par jour : 1 400 kg /139 = 10,072 kg. Volume consommé par jour : 10,071/44 = 0,229 hL. Dépense journalière : 0,228 × 1,65 = 0,378 f par jour.

Ma note : … / 5

**3. LE PAIN QUOTIDIEN**

Elle y va le mardi. C'est le seul jour qui a le même nombre de lettres que sa veille, le lundi (6 lettres, pair)

Ma note : … / 5

**4. LA MINUTE D'ÉCRITURE**

4 h 40 min = 280 minutes. Nombre de pages copiées : 280/14 = 20 pages.

Total : … /20

## Solutions des jeux p. 12-13

Ma note : … / 5

**1. LE SAC DE BILLES**

Il faut sortir 5 billes maximum. Il y a quatre propriétaires différents, donc la cinquième sera obligatoirement d'un même propriétaire qu'une des quatre premières.

Ma note : … / 5

**2. LA ROUE TOURNE**

1 h 1/4 = 4 500 s. En 1 h 1/4, elle fait : (25,5 × 4 500)/4 = 28 687,5 tours.

Ma note : … / 5

**3. UNE LECTURE PIEUSE**

Il y a 211 bibles à ranger. Soit $y$ le nombre total de bibles à ranger. Alors on a : $y = 2a + 1$ (avec $a$ le nombre de bibles réparties sur 2 étagères) ; $y = 3b + 1$ (avec b le nombre de bibles réparties sur 3 étagères) ; $y = 5c + 1$ (avec $c$ le nombre de bibles réparties sur 5 étagères) ; $y = 7d + 1$ (avec $d$ le nombre de bibles réparties sur 7 étagères). Il faut donc trouver le plus petit commun multiple de 2, 3, 5 et 7. Ces nombres étant des nombres premiers, leur plus petit commun multiple sera donc 2 × 3 × 5 × 7 = 210. Donc $y$ : 210 + 1 = 211.

Ma note : … / 5

**4. LE LOTO**

| | | | |
|---|---|---|---|
| **7** | 18 | 13 | 20 |
| 14 | 19 | 8 | **17** |
| 16 | **9** | 22 | 11 |
| 21 | 12 | **15** | 10 |

Total : … /20

## Solutions des jeux p. 14-15

Ma note : … / 5

**1. LE POULAILLER**

Il y a 14 nids (il faut 6 nids de part et d'autre des nids $n^{os}$ 3 et 10).

Ma note : … / 5

**2. À LA CLAIRE FONTAINE**

Nombre de minutes : 1 650/15 = 110 min. 110 min = 1 h 50 min.

Ma note : … / 5

**3. DES TABLES RUTILANTES**

Roger en a nettoyé le plus, puis il y a Michel, Alain, Albert, et enfin François qui en a nettoyé le moins.

Ma note : ... / 5

**4. L'OMNIBUS POUR PAU**

22 h 45 min + 11 h 20 min = 10 h 05 min le lundi matin.

Total : ... /20

## Solutions des jeux p. 16-17

Ma note : ... / 5

**1. LES PIGEONS DU COUVENT**

Le second pigeon arrivera le premier au bout de 5 heures. Au même moment, le premier ne sera qu'à la moitié du chemin.

Ma note : ... / 5

**2. LES BECS DE GAZ**

(12 × 5)/3 = 20 becs de gaz.

Ma note : ... / 5

**3. RANGER LES CRAIES**

Il y a trois pots contenant chacun six craies roses, trois craies bleues et trois craies blanches. 1) Calcul du nombre de craies de différentes couleurs : soient $a$ = une craie blanche, $b$ = une craie bleue, $c$ = une craie rose. De la dernière partie de l'énigme (« chaque craie blanche est toujours avec deux craies roses et une craie bleue »), on peut déduire : $a = b + 2c$. Dans la phrase qui précède (« Il place à chaque fois au moins une craie rose et une craie bleue avec trois craies blanches »), on peut déduire : $3a = 3b + 6c$. Or l'instituteur dispose, au total, de 9 craies blanches. Donc on a : $9a = 9b + 18c$. L'instituteur a 9 craies blanches, 9 craies bleues et 18 craies roses. 2) Calcul du nombre de pots : il s'agit de déterminer le plus grand commun dénominateur entre 9, 9 et 18. Sachant que l'instituteur place au minimum 3 craies blanches ensemble, il faut donc d'abord diviser ces chiffres par 3. Il faut donc trouver le PGCD de 3, 3 et 6. Ce PGCD est donc 3. L'instituteur répartit donc ses craies dans 3 pots.

Ma note : ... / 5

**4. LES BOTTES DE PAILLE**

Jean a déjà utilisé 7 bottes de paille.

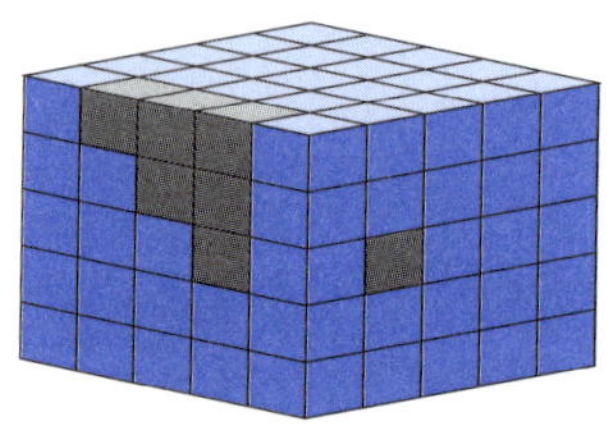

Total : ... /20

## Solutions des jeux p. 18-19

Ma note : ... / 5

**1. AU BAL DES DÉBUTANTS**

Chaque homme a dansé avec 8 filles. Donc il y a eu 20 × 8 = 160 danses. Or chaque fille a dansé avec 5 hommes différents. Donc 160/5 = 32 cavalières.

Ma note : ... / 5

**2. ERREUR SUR LES TOPINAMBOURS**

(30 × 100)/48 = 62,5 f.

Ma note : ... / 5

**3. LA BONNE DU CURÉ**

Les chats (*ch*) ayant 2 yeux et 4 pattes alors que les canaris (*ca*) ont 2 yeux et 2 pattes, il vient $2ca + 2ch = 60$ et $2ca + 4ch = 80$ ; ce qui fait 14 chats et 16 canaris.

Ma note : ... / 5

**4. DE HAUTE VOLIGE**

Nombre de voliges : 147/3 = 49. Valeur du lot = 49 × 1,35 f = 66,15 f.

Total : ... /20

# Solutions

## Solutions des jeux p. 20-21

Ma note : … / 5

**1. À LA KERMESSE**

Philippe a touché sept fois le cœur de la cible (20 fléchettes : 6 + 2 × 7).

Ma note : … / 5

**2. À CRÉDIT**

Nombres de pièces dans 64 mm : 1 000/20 = 50 pièces. Nombre de pièces nécessaires pour atteindre 1 mètre : (50 × 1 000)/64 = 781,25. Il faudra donc 782 pièces.

Ma note : … / 5

**3. UN POTAGER BIEN GARNI**

La fermière a planté 8 rangs de haricots, 6 rangs de salades et 4 rangs de poireaux.

Ma note : … / 5

**4. CASSE-TÊTE EN CLASSE**

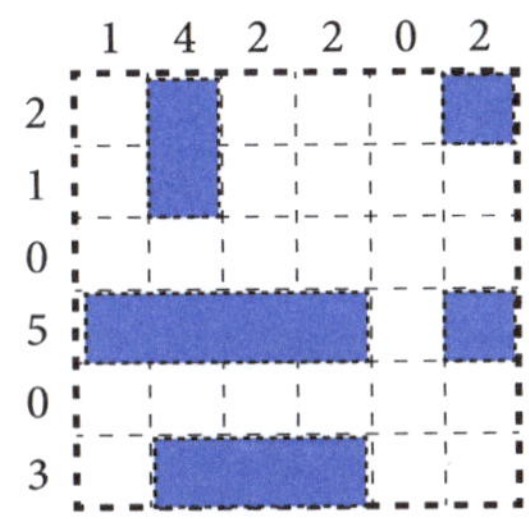


Total : … /20

## Solutions des jeux p. 22-23

Ma note : … / 5

**1. UN CHASSEUR ET SON CHIEN**

Le maître a 48 ans et le chien, 8 ans.

Ma note : … / 5

**2. LES PAVÉS DE LA PLACE**

610 000/150 = 4 066,66 pavés. Il faudra donc 4 067 pavés.

Ma note : … / 5

**3. À LA CANTINE**

La cantinière a réceptionné 18 cageots de blettes et 18 cageots de céleris.

Ma note : … / 5

**4. LE PRIX DE L'ARE**

Le fermier doit vendre le terrain 9 650 + 1 978 = 11 628 f. Il doit revendre l'are 11 628/228 = 51 f.

Total : … /20

## Solutions des jeux p. 24-25

Ma note : … / 5

**1. LA PÊCHE EN FAMILLE**

Le grand-père a pêché 3 poissons, le père en a pêché 1 et le petit-fils en a pêché 5.

Ma note : … / 5

**2. TOMBEREAU À CLAIRE-VOIE**

Entre le premier et le neuvième montant, il y a 8 intervalles égaux. Donc, la distance entre deux montants est de 480/8 = 60 cm.

Ma note : … / 5

**3. PRIEZ POUR NOUS…**

Le curé a 16 bougies de prière, 12 cierges et 8 bougies veilleuses.

Ma note : … / 5

**4. LES BOTTES DE PAILLE**

Jean a déjà utilisé 9 bottes de paille.

Total : … /20

## Solutions des jeux p. 26-27

Ma note : … / 5

**1. SUR LES ÉTALS DU MARCHÉ**

Deux marchands vendent des fruits, des légumes et de l'épicerie, alors que le troisième n'a encore rien mis sur son étal.

Ma note : … / 5

**2. LA DENTELLE AU MÈTRE**

Périmètre du linge : (39,50 + 46,70) × 2 = 172,40 cm. Prix de la broderie : 1,724 × 0,35 = 0,60 f.

Ma note : … / 5

**3. LE TONNEAU DES VENDANGES**

Pour vérifier la contenance de son tonneau, le vigneron remplit le récipient de 50 litres et verse son contenu dans la bonbonne de 30 litres. Il reste 20 litres dans le premier récipient. Il vide les 30 litres. Il verse les 20 litres du grand récipient dans la bonbonne. Il remplit à nouveau le grand récipient de 50 litres. Il verse 10 litres du récipient dans la bonbonne qui se retrouve pleine, puisqu'elle contenait déjà 20 litres. Il reste maintenant 40 litres dans le grand récipient. Il ne reste plus qu'à verser les 40 litres dans le tonneau pour vérifier sa contenance.

Ma note : … / 5

**4. LE COLPORTEUR**

Temps de marche : 10 h 25 – 8 h 45 : 1 h 40 min. Soit 100 min. Distance parcourue : 400 × 100/5 = 8 000 m, ou 8 km.

Total : … /20

## Solutions des jeux p. 28-29

Ma note : … / 5

**1. L'ÂGE DES VACHES**

Marguerite a 10 ans. Quand Pâquerette avait 1 an, Marguerite en avait 2. Quand Pâquerette avait 2 ans, Marguerite en avait 3. Marguerite et Pâquerette n'ont qu'un an d'écart.

Ma note : … / 5

**2. SUR LA ROUE**

Circonférence de la roue : 3,14 × 2 × 20 = 125,6 cm = 1,256 m. Coût total : 1,256 × 1,3 = 1,63 f.

Ma note : … / 5

**3. AU COIN !**

C'est Solenne qui ira au coin.

Ma note : … / 5

**4. LES BOTTES DE PAILLE**

Jean a déjà utilisé 13 bottes de paille.

Total : … /20

## Solutions des jeux p. 30-31

Ma note : … / 5

**1. LA GÉNÉALOGIE DE LA LAITIÈRE**

C'est sa nièce.

Ma note : … / 5

**2. LE TOUR DU CHAMP**

Le demi-périmètre est de 3 000 m /2 = 1 500 m. Le demi-périmètre est égal à la longueur + la largeur. Ainsi le demi-périmètre est égal à 5 largeurs + 1 largeur, soit à 6 largeurs. La largeur est donc 1 500/6 = 250 m et la longueur de 250 × 5 = 1 250 m. La surface est donc 1 250 × 250 = 312 500 m$^2$.

Ma note : … / 5

**3. LE CARTABLE DE SÉRAPHIN**
La gomme, car le nombre de lettres est décroissant.

Ma note : … / 5

**4. DANS UN MOUCHOIR DE POCHE**
Longueur d'un côté sans la bande bleue : 24 – 1,6 = 22,4 cm. Longueur de chaque carré : 22,4/2 = 11,2 cm. Surface de chaque carré : 11,2 × 11,2 = 125,44 cm².

Total : … /20

## Solutions des jeux p. 32-33

Ma note : … / 5

**1. LES PLANTES MÉDICINALES**
Il y a la sauge, l'angélique, l'anis, la menthe, le thym et le romarin.

Ma note : … / 5

**2. LE MÉTAYER**
Surface du champ carré : 48 × 48 = 2 304 m². Largeur du champ rectangulaire : 2 304/56 = 41,14 m.

Ma note : … / 5

**3. LA CHASSE À COURRE**
La meute a rapporté en tout 60 proies. 10 % de 60 chiens font 6 chiens, donc 6 proies. Restent 54 chiens qui ont ramené (54/2) × 2 = 54 proies. Donc 54 + 6 = 60 proies.

Ma note : … / 5

**4. LE CHAMBOULE-TOUT**

| | | | | | | | | |
|---|---|---|---|---|---|---|---|---|
| | | | | 234 | | | | |
| | | | 148 | | 86 | | | |
| | | 87 | | 61 | | 25 | | |
| | 40 | | 47 | | 14 | | 11 | |
| 5 | | 35 | | 12 | | 2 | | 9 |

Total : … /20

## Solutions des jeux p. 34-35

Ma note : … / 5

**1. LA TAVERNE DU MENTEUR**
Le client doit demander : « Quelle porte m'indiquerait l'autre homme si je lui demandais celle qui mène à la taverne ? » Une fois qu'il aura la réponse, il devra choisir l'autre porte.

Ma note : … / 5

**2. L'ÉQUERRE DE PYTHAGORE**
Surface de l'équerre : (80 × 60)/2 = 2 400 cm².

Ma note : … / 5

**3. LE CHEF DE GARE PONCTUEL**
Il dormira au mieux 10 minutes. Les vieux réveils mécaniques ne distinguent pas 8 h 10 du matin ou du soir.

Ma note : … / 5

**4. LES HARICOTS ALGÉBRIQUES**
Prix de vente : 0,5 × 305 = 152,5 f. Prix d'achat : 4,50 × 30,5 = 137,25 f. Gain : 152,5 – 137,25 = 15,25 f.

Total : … /20

## Solutions des jeux p. 36-37

Ma note : … / 5

**1. LA COMPTA DU CURÉ**
Lorsque l'évêque va recevoir la caisse, il ajoutera son cadenas et renverra la caisse au curé. Le curé enlèvera son cadenas et renverra la caisse à l'évêque qui pourra ouvrir le cadenas de la caisse puisque ce sera le sien.

Ma note : … / 5

**2. LE GOÛTER DES ÉLÈVES**
Volume acheté : 135/45 = 3 hL, soit 3 000 dL. La provision durera : 3 000/15 = 200 jours.

Ma note : … / 5

**3. LA GRAND-ROUTE**

20 fois. 7, 17, 27, 37, 47, 57, 67, 70, 71, 72, 73, 74, 75, 76, 77, 78, 79, 87, 97.

Ma note : … / 5

**4. LES DOMINOS**

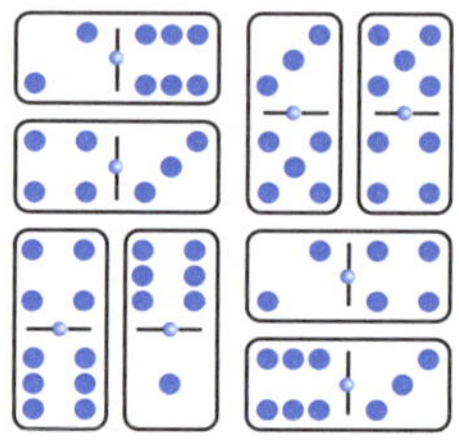

Total : … /20

## Solutions des jeux p. 38-39

Ma note : … / 5

**1. LE VITRIER**

La grande vitre coûte 104 francs et la petite 49 francs.

Ma note : … / 5

**2. LE CHAT DE LA CRÉMIÈRE**

3/4 × 2/3 = 6/12 = 1/2 = 5 dl. Ou 75 cl × 2/3 = 50 cl = 5 dl.

Ma note : … / 5

**3. LA RÉCOLTE DES PATATES**

Germaine a ramassé 38 pommes de terre et Raymonde 52.

Ma note : … / 5

**4. LE COÛT DE FOUDRE**

Poids du contenu du foudre : 325 – 19,5 = 305,5 kg. Valeur du contenu : (350 × 305,5)/1 000 = 106,925 f.

Total : … /20

## Solutions des jeux p. 40-41

Ma note : … / 2

**1. LES CÂBLES DES LAMPADAIRES**

Entre le premier et le treizième lampadaire il y a douze intervalles, alors qu'entre le treizième et le vingt-sixième il y a un intervalle de plus.

Ma note : … / 8

**2. DU GRAIN À MOUDRE**

Poids du café vert : (100 × 6)/5 = 120 kg. Prix d'achat de 120 kg : 3,4 × 120 = 408 f. Prix de vente de 1 kg de café torréfié : 1,35 × 4 = 5,4 f. Prix de vente de 100 kg de café torréfié : 5,4 × 100 = 540 f. Bénéfice : 540 – (408 + 4,25) = 127,75 f.

Ma note : … / 5

**3. LES PANIERS EN OSIER**

Le premier coûte 60 f et le second 80 f.

Ma note : … / 5

**4. VOYELLES ET CONSONNES**

Cette phrase contient vingt-cinq consonnes. Celle-ci contient treize voyelles.

Total : … /20

## Solutions des jeux p. 42-43

Ma note : ... / 5

**1. AU FEU LES POMPIERS !**

Puisque l'incendie double de taille à chaque heure et qu'il a déjà brûlé la moitié du canton, dans 1 heure il aura ravagé l'intégralité du canton.

Ma note : ... / 5

**2. LA MER DANS UNE BOUTEILLE**

Volume d'une tonne : 1 000/102,6 = 9,7466 hL.

Ma note : ... / 3

**3. LA QUESTION DU JOUR**

Dimanche (di).

Ma note : ... / 7

**4. LE PLEIN, S'IL VOUS PLAÎT**

Poids de l'eau contenue dans le vase : 1,040 – 0,260 = 0,780 kg. Capacité : 0,780 litre.

Total : ... /20

## Solutions des jeux p. 44-45

Ma note : ... / 5

**1. DES ŒUFS MINUTE**

Elle retourne les deux sabliers en même temps. Quand le sablier de 4 minutes (A) est vide, il reste 3 minutes dans l'autre sablier (B). Elle retourne le A. Quand le sablier B est vide, il reste 1 minute dans le A. Elle retourne le B. Quand le sablier A est vide, 1 minute de plus s'est écoulée. Elle retourne le sablier B puisqu'une seule minute s'est écoulée et le temps arrive à 9 minutes.

Ma note : ... / 7

**2. LE BASSIN DU THONIER**

Volume du réservoir : 4,25 × 5,4 × 1,95 = 44,7525 $m^3$ = 44 752,5 L. Quantité versée en 1 seconde : 0,75 + 0,4 + 0,75 = 1,9 L. Temps utilisé pour remplir le réservoir : 44 752,5/1,9 = 23 554 s. Soit 6 h 32 min et 34 sec.

Ma note : ... / 3

**3. LES TROIS CALICES**

Il pose un calice sur un plateau, puis un deuxième sur le second plateau. Si la balance est équilibrée, les deux calices sont faux. Si la balance penche, le plateau le plus bas contient le calice de valeur.

Ma note : ... / 5

**4. LES BOTTES DE PAILLE**

Jean a déjà utilisé 16 bottes de paille.

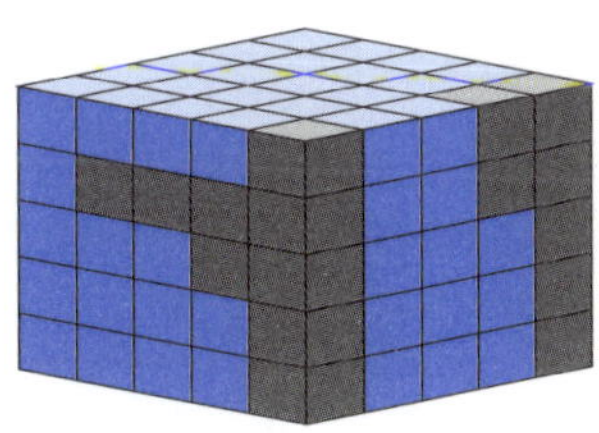

Total : ... /20

## Solutions des jeux p. 46-47

Ma note : ... / 5

**1. LE CONCOURS DE PONTE**

Gisèle a le plus d'œufs, ensuite c'est Danielle, Monique, Denise puis Francine.

Ma note : ... / 5

**2. LES CHEMINS DE COMPOSTELLE**

Distance réelle : 80 000 × 0,065 = 5 200 m, ou 5,2 km. Temps de parcours : (1 × 5,2)/4,5 = 1 h 09 min 20 s.

Ma note : … / 5

## 3. LE CONTRÔLE SURPRISE

Il retourne les deux sabliers en même temps. Lorsque le sablier A de 5 minutes est vide, il le retourne. Lorsque les deux dernières minutes du sablier B se sont écoulées, il reste 3 minutes dans le sablier A. L'instituteur donne le top départ : au bout des 3 minutes il retournera encore deux fois le sablier A pour avoir deux fois 5 minutes et atteindre les 13 minutes.

Ma note : … / 5

## 4. LE MARCHÉ AUX BESTIAUX

Gain par vache : 360 × (30/100) = 108 f. Gain réalisé sur le troupeau : 108 × 20 = 2 160 f.

Total : … /20

# Solutions des jeux p. 48-49

Ma note : … / 5

## 1. LA RÉCOLTE DES POMMES

Il y a eu 15 × 6 = 90 utilisations de paniers. Or chaque panier a été utilisé pas 5 saisonniers, donc 90/5 – 18. Il y a donc 18 paniers.

Ma note : … / 5

## 2. LA CRIÉE

Prix d'achat : 160 × (100/80) = 200 f.

Ma note : … / 5

## 3. LES BONS POINTS

De gauche à droite il y a : les fleurs, les animaux, les métiers, les légumes, les paysages et les monuments historiques.

Ma note : … / 5

## 4. CASSE-TÊTE EN CLASSE

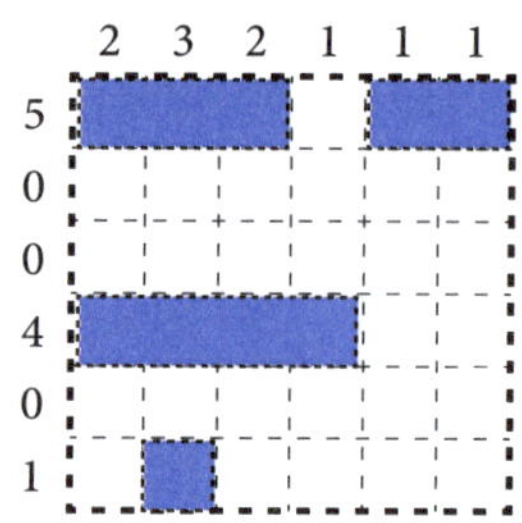


Total : … /20

# Solutions des jeux p. 50-51

Ma note : … / 5

## 1. LES CLOCHES À LA VOLÉE

Baptiste a fait sonner la cloche 24 coups, Fabien 12, Clément 6 et Pierre 2.

Ma note : … / 5

## 2. UN CLASSIQUE DE LA LITTÉRATURE

Prix de revient d'un exemplaire : (100 × 3,60)/120 = 3 f. Prix de revient de 13 exemplaires : 3 × 13 = 39 f. Sur 13 exemplaires, 12 ont été payés et valaient : 2,60 × 12 = 31,20 f. Le cartonnage valait donc pour chacun : (39 – 31,20)/13 = 0,60 f.

Ma note : … / 5

## 3. CHEZ LE BOUCHER

Il y a 5 morceaux de viande : une pièce de bœuf de 16 kilos, une pièce de porc de 10 kilos et trois pièces de veau de 6 kilos.

Ma note : … / 5

## 4. LE PÂTURAGE

260 moutons pendant 60 jours : 260 × 60 = 15 600 jours. 180 moutons pendant 50 jours : 180 × 50 = 9 000 jours. Total des journées : 15 600 + 9 000 = 24 600 jours. Le $1^{er}$ berger doit payer : (54 × 15 600)/24 600 = 34,24 f. Le $2^{nd}$ berger doit payer : 54 – 34,24 = 19,76 f.

Total : … /20

## Solutions des jeux p. 52-53

Ma note : … / 5

**1. LES ROSACES DE LA SALLE DES FÊTES**

Il y a une rosace rouge, une verte, une jaune, une rouge, une jaune et une verte.

Ma note : … / 7

**2. LES TONNEAUX DU VIGNERON**

Contenance du premier tonneau : (4,14 – 0,3)/2 = 1,92 hL. Contenance du second tonneau : 1,92 + 0,3 = 2,22 hL. Valeur du premier tonneau : 192 × 0,35 = 67,2 f. Valeur du second tonneau : 222 × 0,35 = 77,7 f.

Ma note : … / 3

**3. LE TÉLÉPHONE DU GARAGISTE**

Il faut demander le 33 !

Ma note : … / 5

**4. LES BOTTES DE PAILLE**

Jean a déjà utilisé 15 bottes de paille.

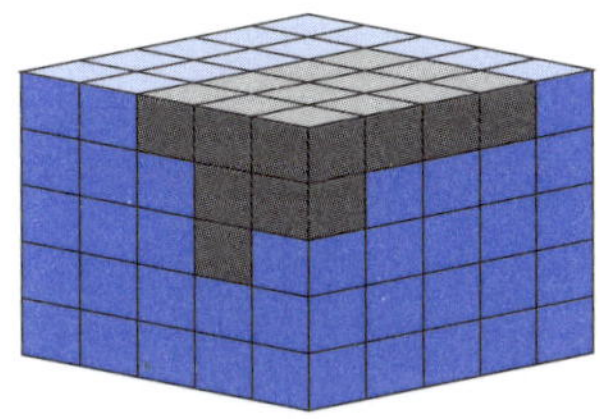

Total : … /20

CEM Santmarti Elias
Sant Joan despi Malou

PAPIER À BASE DE FIBRES CERTIFIÉES

LAROUSSE s'engage pour l'environnement en réduisant l'empreinte carbone de ses livres. Celle de cet exemplaire est de :
450 g éq. $CO_2$
Rendez-vous sur www.larousse-durable.fr

Imprimé en Espagne par Macrolibros, Valladolid
Dépôt légal : février 2016 – 317350/14
11047718 - Juin 2021